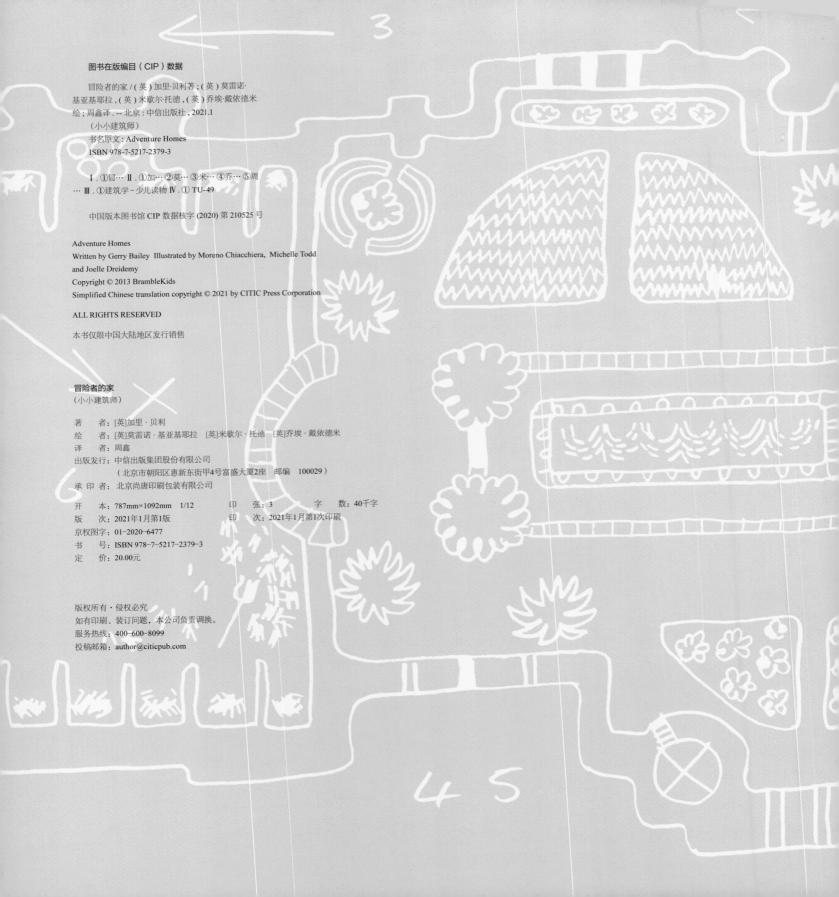

图书在版编目（CIP）数据

冒险者的家 / (英) 加里·贝利著 ; (英) 莫雷诺·
基亚基耶拉, (英) 米歇尔·托德, (英) 乔埃·戴依德米
绘 ; 周鑫译. -- 北京 : 中信出版社, 2021.1
(小小建筑师)
书名原文 : Adventure Homes
ISBN 978-7-5217-2379-3

Ⅰ. ①冒… Ⅱ. ①加… ②莫… ③米… ④乔… ⑤周
… Ⅲ. ①建筑学－少儿读物 Ⅳ. ① TU-49

中国版本图书馆 CIP 数据核字 (2020) 第 210525 号

Adventure Homes
Written by Gerry Bailey Illustrated by Moreno Chiacchiera, Michelle Todd
and Joelle Dreidemy
Copyright © 2013 BrambleKids
Simplified Chinese translation copyright © 2021 by CITIC Press Corporation

冒险者的家
(小小建筑师)

著　者：[英]加里·贝利
绘　者：[英]莫雷诺·基亚基耶拉　[英]米歇尔·托德　[英]乔埃·戴依德米
译　者：周鑫
出版发行：中信出版集团股份有限公司
　　　　　（北京市朝阳区惠新东街甲4号富盛大厦2座　邮编　100029）
承 印 者：北京尚唐印刷包装有限公司

开　本：787mm×1092mm　1/12　　印　张：3　　　字　数：40千字
版　次：2021年1月第1版　　　　　印　次：2021年1月第1次印刷
京权图字：01-2020-6477
书　号：ISBN 978-7-5217-2379-3
定　价：20.00元

建筑师

冒险者的家

[英] 加里·贝利　著

[英] 莫雷诺·基亚基耶拉
[英] 米歇尔·托德　　绘
[英] 乔埃·戴依德米

周鑫　译

中信出版集团 | 北京

目　录

带上房子去冒险

嘿，你现在住在什么地方？是公寓，别墅，还是乡间小屋呢？这些听起来都不错，但似乎有点儿普通，不是吗？

你有没有想过，如果你住在一个很特别的地方，会怎样呢？比如一间搭建在高高的树上的树屋，一间你想看不同的风景时可以随时起航的船屋，或者，一辆吉卜赛大篷车，你可以坐着它周游世界！

是不是听起来就很棒？现在，你可以化身为一名小小建筑师，在这里实现你的愿望啦！跟随着冒险者的足迹，设计一个你梦寐以求的冒险者之家吧！

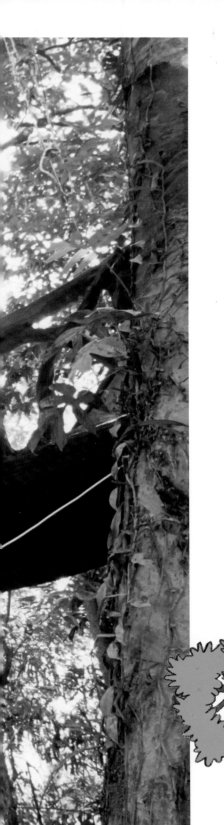

树　屋

　　孩子们总是对树屋充满各种想象。亲手建造一间树屋，然后真的住在里面，难道不是一次奇妙的探险吗？

　　树屋一般比较小，主要是给孩子们玩耍用的，那是他们的秘密基地。不过，也有人在树上建起了真正可以居住的房子，这样他们就可以每天都住在里面了。

　　树屋一般是用木头建成的，因为木材的重量比较轻。而且木料也能和支撑树屋的树杈完美融合在一起。

搭建树屋需要一个平台，这个平台通常
搭建在粗壮的树枝上

树屋的房间

首先，树根那儿会有门。

客厅里会有阳台，你可以坐在那儿看风景。

厨房里会有桌子和烹饪用的各种东西。

树顶上会有游戏室，所有人都可以来玩。

吊床被挂在树枝间，这就是卧室啦。

（当然，别忘了还有鸟儿们的窝。）

你可以露天淋浴。

在树屋的中部有瞭望台。

上楼可以用楼梯，下楼可以通过绳索荡到花园里。

游戏室

卧室

吊床

客厅

鸟窝

瞭望台

淋浴

绳索

厨房

树根

大门

花园

阳台

木柱

屋顶

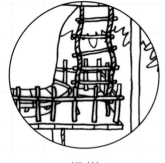

绳梯

结　构

建筑物的整体形状和各个组成部分的搭配称为结构。

由建筑师画出详细的平面结构图（如右图所示）。

树屋一定要照设计图搭建，才能牢牢地建在树上。

木柱是整个树屋非常重要的组成部分。它们的下部被深深插进土里，上部和地板牢牢地固定在一起。木柱为整个建筑提供了有力的支撑，能防止树屋被风吹坏。

木梯

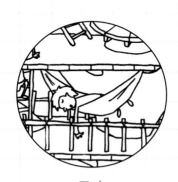

吊床

围栏

秋千

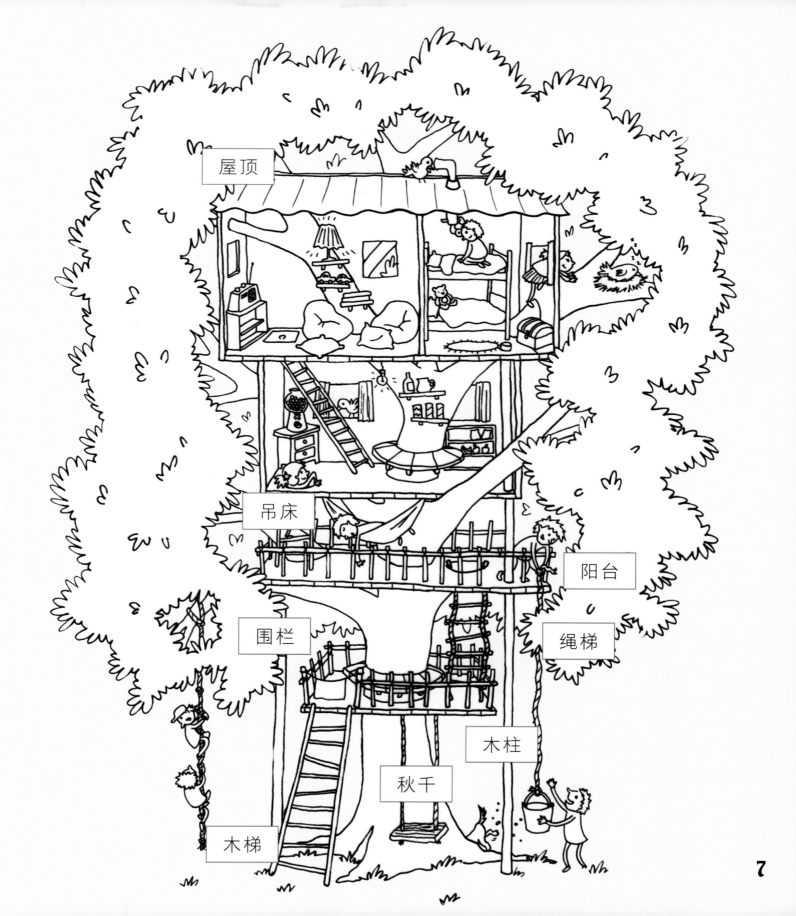

屋顶

吊床

阳台

围栏

绳梯

木柱

秋千

木梯

7

树上的生活

在印度尼西亚巴布亚省，生活着两个栖居在树上的土著部落——科罗威和贡拜。

巴布亚省是一个大岛的一部分，该岛屿位于澳大利亚北部的太平洋海域。那里经济不发达，人们的生活方式比较原始。

两个部落中的一些人居住在布拉柴河两岸广阔的雨林中。他们把家安在高高的树上，因此被人们称作"树人"。

他们居住的典型的树屋可以高出地面40米。在高处，他们可以免受敌对部落、洪水、野兽的侵袭。据说，也可以远离恼人的蚊子，哈！

支撑树屋的木桩

当地人在木头上刻
出一个个凹槽，做
成"梯子"，人们
可以通过凹槽爬到
高高的树屋里

建筑材料

有些人使用在附近的土地上能够找到的天然材料来建造自己的家。

禾秆： 谷类植物（如小麦、燕麦、水稻、大麦和黍米等）的干茎，比如稻草或茅草。禾秆通常被用来铺设屋顶

木材： 树木为房屋框架结构的搭建提供了木材。这些木材可能取自棕榈树或其他树种

沙土： 人们将沙子、黏土和稻草混合，制成建房用的土坯。将混合物注入模具，或用手捏成砖块状，然后放在太阳底下晒干就制成了土坯。土坯可以用来砌墙

西非马里共和国的多贡族人使用家附近山上的砂岩做建筑材料。他们将这种软岩磨碎，再掺入辅料，制作砖坯。

其他部族则用木材做房顶支架，然后在上面铺盖茅草。

车轮上的家

强壮的马儿拉着一辆波特大篷车

你想住在可以随时出发，从一个地方搬去另一个地方的"房子"里吗？那些住在亮丽的马拉大篷车里的旅人们，就是这样生活的。

吉卜赛人住大篷车已经有150多年的历史了。在此之前，他们通常步行，用运货马车来携带行李。他们睡在一种叫作"弯帐篷"的帐篷里，这种帐篷是用榛树枝搭建的，外面蒙着帆布。

大篷车有几种不同的类型。

雷汀大篷车的车厢是木制的，带有前门和后窗，它的前轮要比后轮小一点儿

波特大篷车也有前门和后窗，但它的顶部是拱形的木架，外面蒙着帆布

波顿大篷车车厢内外装饰精美，吉卜赛人的马戏团常常驾驶这种车奔波演出，这种大篷车车厢内部竖直，没有弯度

吉卜赛人的空间利用法

　　吉卜赛大篷车内部的色彩十分鲜艳。尽管车里的空间不大，但似乎竟装下了生活所需的一切。

　　吉卜赛大篷车里一般只有一个房间，但有的大篷车上装有推拉门，可以隐藏一张供成人使用的双人床（固定在车壁上的窄床），双人床的下方还有儿童床。

　　车里还有可供做饭的铸铁炉子，不过因为大篷车内部空间比较小，火炉只在天气比较恶劣的时候才会使用。橱柜和储物柜也被很好地安排在车内合适的地方。大篷车里还会有一张桌子和几把椅子。

皮毛做的家

桦树可以做成结实的柱子

云杉树枝可用来搭建屋顶

游牧民携着家当四处迁徙。许多游牧民用动物毛皮和木头来搭建像帐篷一样的房子来住。

斯堪的纳维亚北部的萨米人住在莱屋帐篷里。很多萨米人以放牧驯鹿为生，驯鹿为他们提供食物、皮衣以及搭建帐篷用的鹿皮。

一顶蒙了驯鹿皮的莱屋帐篷

建筑师小词典

雪橇

把提皮帐篷折了，取下两根支撑帐篷的木棍，就可以做雪橇。这种雪橇的形状近似三角形，由狗或马拉着走。

生活在北美大平原上的印第安人住在提皮帐篷里。部落迁移时，这种帐篷很方便拆卸。提皮帐篷是一种锥形帐篷，有两个活动挡板，可以使生火产生的烟从帐篷内散出去。火不仅可以让帐篷里变得温暖，也可以方便做饭。帐篷的支架是用木杆搭建的，外面蒙着野牛皮。木杆的顶部用皮条扎在一起，底部用木桩加固。

蒙古包

露营对许多人来说都是一次探险，但有的人全年都住在像帐篷一样的房屋里。蒙古包、印第安棚屋和提皮帐篷曾是人们的住所，直至今日，仍有人偶尔使用它们。

蒙古族是一个生活在亚洲内陆草原上的游牧民族，牧民们住在一种特殊的木结构帐篷里，这种帐篷叫作蒙古包。

传统的蒙古包是在木框架上覆盖上层层的羊毛毡制成的。

搭建蒙古包

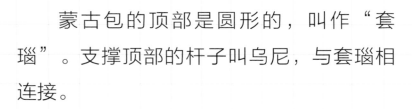

套瑙

乌尼

蒙古包的顶部是圆形的，叫作"套瑙"。支撑顶部的杆子叫乌尼，与套瑙相连接。

蒙古包的"墙壁"由交错的木条构成，叫作哈那。哈那是用皮钉固定在一起的。

顶毡

哈那

羊毛毡将蒙古包团团包裹住，乌尼上的叫顶毡，哈那外的叫围毡。

蒙古包的装饰符号有火、水和土等元素。人们有时也会用马、狮子和龙来装饰蒙古包。因为在他们心中，它们是强大或有神力的。

围毡

床和其他家具大都被安放在靠近哈那的地方。

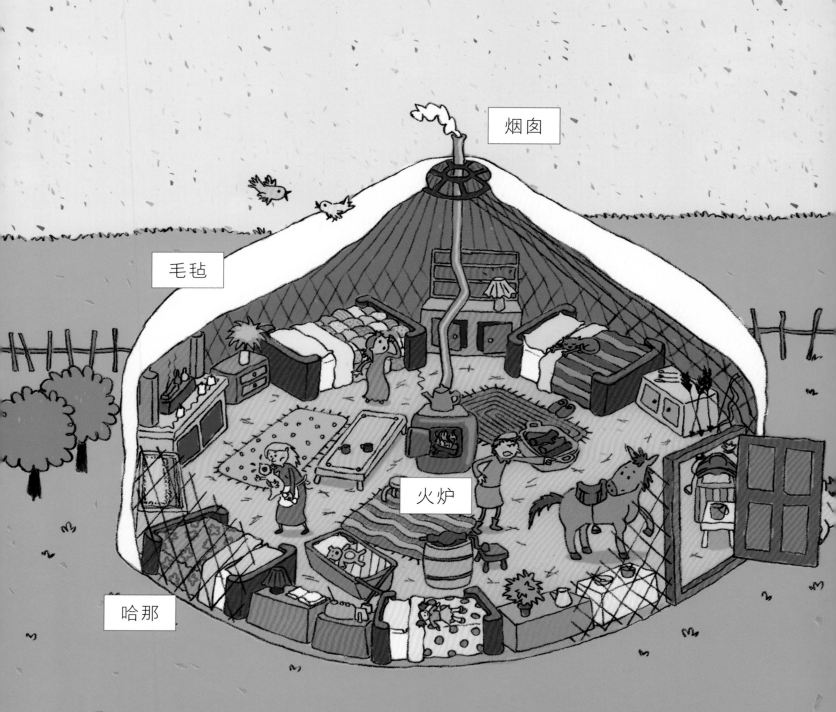

烟囱

毛毡

火炉

哈那

漂浮在水上的家

　　我们会在周末或节假日里坐船玩儿。这对于我们来说，是有趣的经历。但是有些人一直住在船上。船对于他们来说，实际上是漂浮在水上的家。

　　漂浮在水上的"房子"包括船屋、舢板和帆船等。它们都是用不同的材料，以不同的方式制造的，而且它们出现在世界的不同地方。但是从内部看，每一座漂浮在水上的"房子"都有厨房、床，还有坐下来享受家庭生活的地方。

在许多欧洲国家，船屋是由在运河中往来运送货物的驳船改装的。船屋外部常被装饰得很漂亮

印度南部喀拉拉邦的船屋是种
大驳船，移动缓慢，长约20
米。人们用椰子纤维制作的绳
索将木板捆在一起，做成船
体。船屋上的篷子用竹竿和棕
榈叶制成

中式帆船比舢板大很多，它的
风帆是用硬木杆做的帆骨撑开
的，用来控制方向

造船

很久以前，大多数船都是用木头做的，因为木头轻，而且容易漂浮。今天的船只可以用各种不同的材料制成，比如钢铁和玻璃纤维。

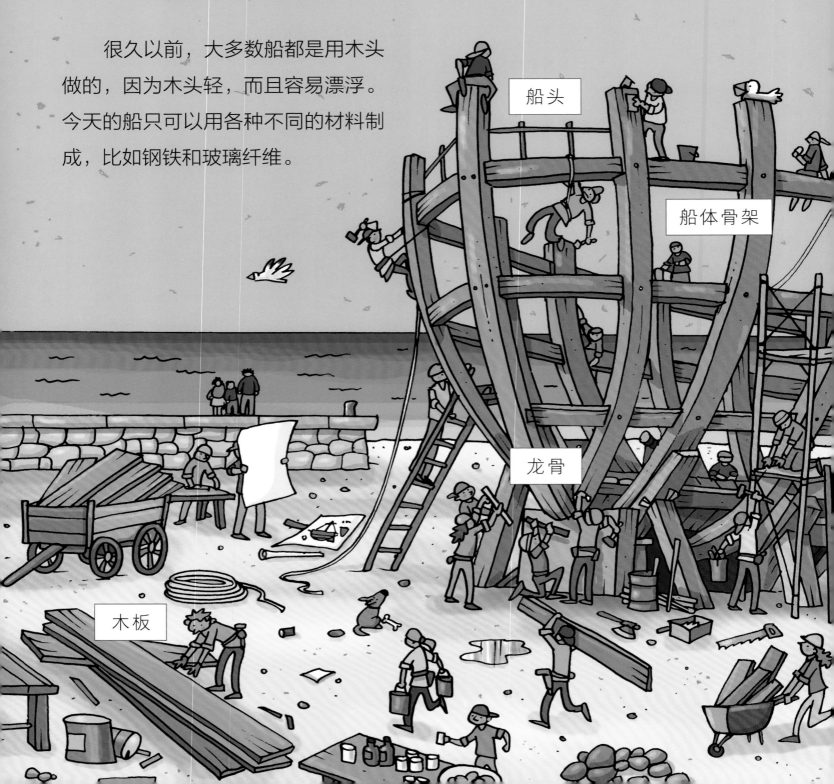

船头

船体骨架

龙骨

木板

滑轮

船尾

造船工人从搭建龙骨开始。这是船的底部，能够防止船只倾翻。

其次是船头和船尾，将船只的船首柱和船尾柱安装到位。

现在，把看起来像一副胸廓的船架固定在龙骨上。这些木条通常被蒸汽蒸过，可以弯曲成型。

接着，用钢钉、螺丝钉或铆钉把木板钉在船架中规定的位置上。

因为木板是钉在船架上的，所以铺板过程中要做填缝或密封处理，防止船漏水。

做好船体后，就可以做甲板和船舱了。

冰雪酒店里的冰柱和冰墙

住在冰雪里

你想要一间冰屋吗？想不想在冰雪酒店里住上一晚呢？

不要瑟瑟发抖，那里完全没有你想象的那么冷！

雪屋

一位旅客在冰雪酒店的冰椅上休息

冰雪实际上是很好的隔热体。在北方的寒冷气候中，它能用来御寒。因此，因纽特人学会了用冰雪来建造圆顶雪屋。他们把海豹油放在灯里燃烧，这样可以让他们的雪屋更温暖一点儿。

因纽特人的雪屋

冰雪酒店

虽然冰雪酒店里的设施更现代化，但它仍然是用冰块建造的，连家具都是冰做的。每年，加拿大魁北克的城郊都会修建一座冰雪酒店，建造它需要使用数千吨冰块。酒店里有85张冰床，每张床上都铺有鹿皮。整座酒店里只有浴室供暖！

《古代建筑奇迹》

高耸的希巴姆泥塔、神秘的马丘比丘、粉红色的"玫瑰之城"佩特拉、被火山灰"保存"下来的庞贝古城……

一起走进古代人用双手建造的奇迹之城，感受古代建筑师高明巧妙的设计智慧！

你将了解： 棋盘式布局　选址要素　古代建筑技术

《冒险者的家》

你有没有想过把房子建到树上去？

或者，体验一下住在大篷车里、帐篷里、船屋里、冰雪小屋里的感觉？

你知道吗？世界上真的有人在过着这样的生活。他们既是勇敢的冒险者，也是聪明的建筑师！

你将了解： 天然建筑材料　蒙古包的结构　吉卜赛人的空间利用法

《童话小屋》

莴苣姑娘被巫婆关在哪里？塔楼上！

三只小猪分别选择了哪种建筑材料来盖房子？稻草、木头和砖头！

用彩色石头和白色油漆，就可以打造一座糖果屋！

建筑师眼中的童话世界，真的和我们眼中的不一样！

你将了解： 建筑结构　楼层平面图　比例尺

《绿色环保住宅》

每年都会有上亿只旧轮胎报废，它们其实是上好的建筑材料！

再生纸可以直接喷在墙上给房子保暖！

建筑师们向太阳借光，设计了向日葵房屋；种植草皮给房顶和墙壁裹上保暖隔热的"帽子"、"围巾"……

你将了解： 再生材料　太阳能建筑　隔热材料

《高高的塔楼》

你喜欢住在高高的房子里吗？

建筑师们是怎么把楼房建到几十层高的？

在这本书里，你将认识各种各样的建筑，还会看到它们深埋地下的地基。你知道吗？建筑师们为了把比萨斜塔稍微扶正一点儿，可是伤透了脑筋！

你将了解： 楼层　地基和桩　铅垂线

《住在工作坊》

在工作的地方，有些人安置了自己小小的家，这样，他们就不用出门去上班了！

在这本书中，建筑师将带你走入风车磨坊、潜艇、灯塔、商铺、钟楼、土楼、牧场和宇宙空间站，看看那里的工作者们如何安家。

你将了解： 风车　灯塔发光设备　建筑平面图

《新奇的未来建筑》

关于未来，建筑师们可是有许多奇妙的点子！

立体方块房屋、多边形房屋、未来城市社区、海洋大厦……这些新奇独特的设计，或许不久就能变成现实了！

那么，未来的你又想住在什么样的房子里呢？

你将了解： 新型技术　空间利用　新型材料

《动物建筑师》

一起来拜访世界知名建筑师织巢鸟先生、河狸一家、白蚁一家和灵巧的蜜蜂、蜘蛛吧！它们将展示自己的独门建筑妙招、天生的建筑本领和巧妙的建筑工具。没想到吧，动物们的家竟然这么高级！

你将了解： 巢穴　水道　蛛网　形状

《长城与城楼》

万里长城是怎样建成的？

城门洞里和城墙顶上藏着什么秘密机关？

为了建造固若金汤的城池，中国古代的建筑师们做了哪些独特的设计？

你将了解： 箭楼　瓮城　敌台　护城河

《宫殿与庙宇》

来和建筑师一起探秘中国古代的园林和宫殿建筑群！

在这里，你将认识中国园林、宫殿和佛寺建筑的典范，了解精巧的木制斗拱结构，还能和建筑师一起来设计宝塔。赶快出发吧！

你将了解： 园林规则　斗拱　塔

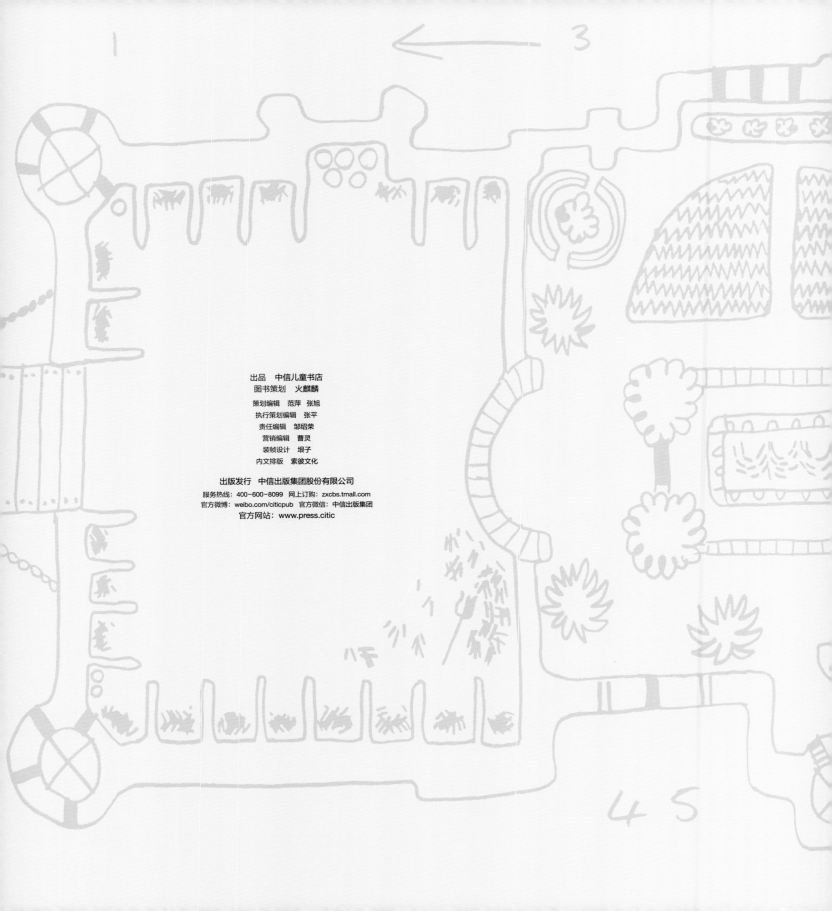

出品　中信儿童书店
图书策划　火麒麟

策划编辑　范萍　张旭
执行策划编辑　张平
责任编辑　邹绍荣
营销编辑　曹灵
装帧设计　垠子
内文排版　索彼文化

出版发行　中信出版集团股份有限公司

服务热线：400-600-8099　网上订购：zxcbs.tmall.com
官方微博：weibo.com/citicpub　官方微信：中信出版集团
官方网站：www.press.citic

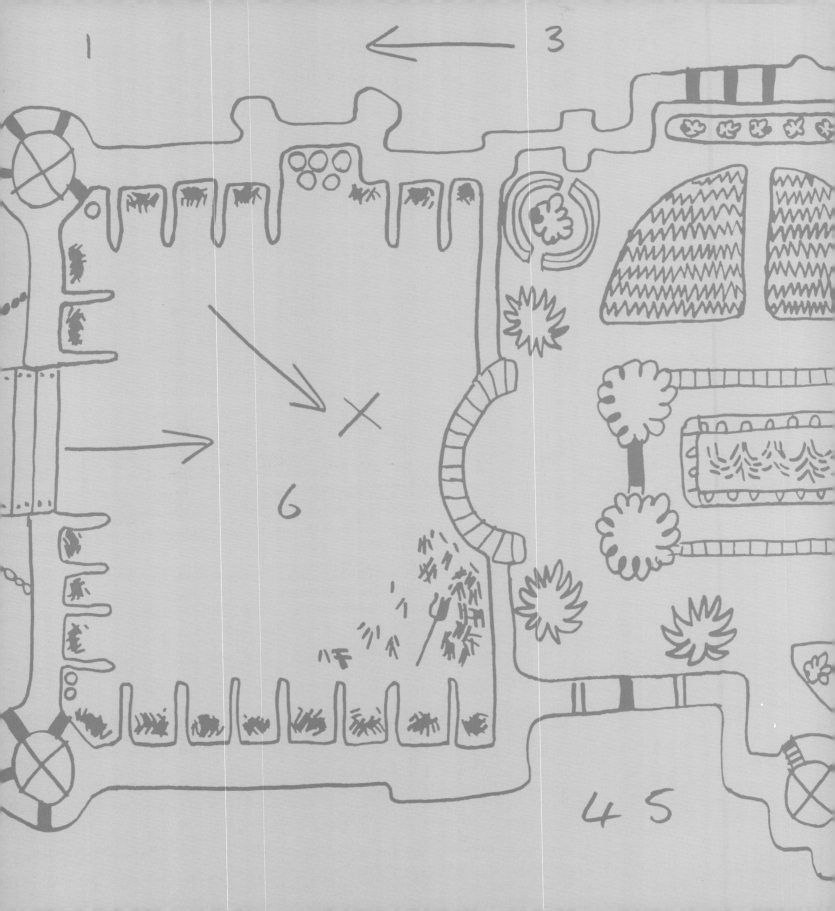